BEI GRIN MACHT SICH IHR WISSEN BEZAHLT

- Wir veröffentlichen Ihre Hausarbeit,
  Bachelor- und Masterarbeit

- Ihr eigenes eBook und Buch -
  weltweit in allen wichtigen Shops

- Verdienen Sie an jedem Verkauf

Jetzt bei www.GRIN.com hochladen
und kostenlos publizieren

GRIN

Ronny Ibe

Der demographische Wandel und seine Konsequenzen für die Wohnimmobilienmärkte

GRIN Verlag

Bibliografische Information der Deutschen Nationalbibliothek:

Die Deutsche Bibliothek verzeichnet diese Publikation in der Deutschen National-bibliografie; detaillierte bibliografische Daten sind im Internet über http://dnb.d-nb.de/ abrufbar.

Dieses Werk sowie alle darin enthaltenen einzelnen Beiträge und Abbildungen sind urheberrechtlich geschützt. Jede Verwertung, die nicht ausdrücklich vom Urheberrechtsschutz zugelassen ist, bedarf der vorherigen Zustimmung des Verla-ges. Das gilt insbesondere für Vervielfältigungen, Bearbeitungen, Übersetzungen, Mikroverfilmungen, Auswertungen durch Datenbanken und für die Einspeicherung und Verarbeitung in elektronische Systeme. Alle Rechte, auch die des auszugsweisen Nachdrucks, der fotomechanischen Wiedergabe (einschließlich Mikrokopie) sowie der Auswertung durch Datenbanken oder ähnliche Einrichtungen, vorbehalten.

Impressum:

Copyright © 2006 GRIN Verlag GmbH
Druck und Bindung: Books on Demand GmbH, Norderstedt Germany
ISBN: 978-3-638-72333-6

Dieses Buch bei GRIN:

http://www.grin.com/de/e-book/69845/der-demographische-wandel-und-seine-konsequenzen-fuer-die-wohnimmobilienmaerkte

GRIN - Your knowledge has value

Der GRIN Verlag publiziert seit 1998 wissenschaftliche Arbeiten von Studenten, Hochschullehrern und anderen Akademikern als eBook und gedrucktes Buch. Die Verlagswebsite www.grin.com ist die ideale Plattform zur Veröffentlichung von Hausarbeiten, Abschlussarbeiten, wissenschaftlichen Aufsätzen, Dissertationen und Fachbüchern.

Besuchen Sie uns im Internet:

http://www.grin.com/

http://www.facebook.com/grincom

http://www.twitter.com/grin_com

Oberseminar „Immobilienmärkte im Kontext städtischer Ökonomien"

Der demographische Wandel und seine Konsequenzen für die Wohnimmobilienmärkte

Seminararbeit im Fach Wirtschaftsgeographie
Sommersemester 2006

an der

Wirtschaftswissenschaftlichen Fakultät
der Martin-Luther-Universität Halle-Wittenberg

Inhaltsverzeichnis

1. Einleitung

Der Immobilienmarkt mit seinen Teilmärkten ist von den verschiedensten Faktoren abhängig. Dabei hat die demographische Entwicklung der Bevölkerung, sowohl direkt als auch indirekt, einen großen Einfluss auf die Entwicklung des Immobilienmarktes. Sie wirkt direkt auf die Anzahl der Nachfrager, speziell am Wohnungsmarkt und am Büromarkt. Ihre indirekte Wirkung auf den Immobilienmarkt spiegelt sich in der wirtschaftlichen Lage, der Arbeitssituation und der Qualität der Nachfrage wider.[1]

So wird die Bundesrepublik Deutschland in den kommenden Dekaden erhebliche demographische Verwerfungen erwarten, die sich lediglich mit den Folgen der großen Auswanderungswellen des 19. Jahrhunderts vergleichen lassen. Es lässt sich konstatieren, dass Deutschland in den letzten 30 Jahren fast 5,5 Millionen Einwohner verloren hat – das sind fast ebenso viele wie zwischen 1815 und 1914 nach Nordamerika ausgewandert sind. Seit dem Jahre 1972 ist die Sterberate höher als die Geburtenrate, so dass zum heutigen Tage jede nachfolgende Kindergeneration um ein Drittel kleiner ist als die ihrer Eltern. Mit durchschnittlich 1,4 Kindern pro Frau zählt die Bundesrepublik im weltweiten Vergleich zu den kinderärmsten Gesellschaften.[2] Dieser tief greifende Schrumpfungsprozess wurde lange nicht realisiert, weil sich Deutschland im gleichen Zeitraum, faktisch und entgegen den politischen Debatten hin zu einem Einwanderungsland entwickelt hat. Im Augenblick wohnen hier über zwölf Millionen Menschen, die nicht in der Bundesrepublik geboren wurden bzw. die nicht die deutsche Staatsangehörigkeit besitzen. Hinter den Vereinigten Staaten ist dies die weltweit zweitgrößte Bevölkerungszuwanderung. Das ist der einzige Grund, weshalb sich Deutschland zu diesem Zeitpunkt noch in einem Gleichgewicht befindet.[3]

Die niedrigsten Geburtenraten sind derzeit in den neuen Bundesländern zu verzeichnen. Gerade im Osten, wo sich die damaligen Machthaber lange, aber letztendlich vergebens mit Mauer und Stacheldraht gegen die Bevölkerungsverluste gewehrt haben, ist nach der Wende, quasi über Nacht, die durchschnittliche Kinderzahl pro Frau von 1,6 auf 0,77 zurückgegangen. Dies ist der niedrigste jemals gemessene Wert im weltweiten Vergleich. Nach der Wende war der Osten Deutschlands von erheblichen Veränderungen in der Bevölkerungsstruktur betroffen. Der einsetzende Strukturwandel tilgte überkommene Indust-

---

[1] vgl. [BIRG], 10f.
[2] vgl. [Geo-Magazin]
[3] vgl. Ebenda

riereviere von der Landkarte, und es waren vor allem die jüngeren und gut qualifizierten Menschen, die dem Wirtschaftsgefälle gen Westen folgten. Rentner und sozial schwächere blieben zurück.

Dies hatte zur Folge, dass es in kürzester Zeit im Osten zu einer regelrechten Bevölkerungsimplosion kam: Wo Busse und Bahnen ihren Betrieb einstellen, Postämter und Schulen ihre Pforten schließen und von der ökonomischen Infrastruktur lediglich der Zigarettenautomat überlebt, möchte niemand mehr leben. Seit Gründung der DDR hat der Osten Deutschlands rund ein Viertel seiner Einwohner verloren. Prognosen zufolge könnte sich die heutige Bewohnerschaft bis zum Jahre 2050 noch einmal halbieren. Die neuen Bundesländer mussten im Zeitraffer miterleben, was künftig auch auf andere Gebiete Deutschlands zukommen kann. Insgesamt wird sich Deutschland in Regionen der Schrumpfung und des Wachstums aufteilen. Dabei zieht es die Menschen zum einen vom Land in die Ballungsräume, die für sie eine interessantere wirtschaftliche Perspektive bieten; auf der anderen Seite aus den urbanen Zentren in die immer breiter werdenden Grüngürtel, die ihnen mehr Lebensqualität versprechen. Doch selbst hier fehlt es an Kindern. Die Republik wird, zunächst in den Schwundregionen, bald jedoch bundesweit zunehmend vergreisen.[4]

2. Bevölkerungsentwicklung in Deutschland

Demographie (griechisch: demos – das Volk) ist die Bevölkerungswissenschaft und wird auch als Bevölkerungslehre bezeichnet. Sie ergründet und beschreibt die Struktur sowie die Entwicklung der Einwohner einer Region, eines Landes, eines Kontinents oder der Welt durch Untersuchungen auf Basis der Bevölkerungsstatistiken. So wird beispielsweise in den Vereinigten Staaten alle 10 Jahre eine Volkszählung durchgeführt, die sowohl alle Einwohner des Landes als auch die Industrie erfasst. Die so gesammelten Daten über Alter, Geschlecht, Rasse, Familienstand, Kinder, Bildung und vieles andere mehr sind für die Demographie von großer Bedeutung, da die in diesem Bereich tätigen Wissenschaftler aus den Erkenntnissen Schlussfolgerungen für die ethnische Zusammensetzung, die Altersstruktur, die Familienstruktur und die zu erwartende Bevölkerungsentwicklung der USA ziehen können.[5]

---

[4] vgl. Ebenda
[5] vgl. [Internet Lexikon]

In erster Linie ist die Bevölkerungszahl eines Landes eine wirtschaftsgeographische Größe. Aus demographischer Sicht stellt sie einen Indikator dar, der die Auswirkungen von bevölkerungsrelevanten Prozessen sichtbar macht.

Bisher war die Entwicklung der Bevölkerungszahlen in der Bundesrepublik Deutschland auf lange Sicht gesehen positiv. Seit dem Jahre 1950 hat die Bevölkerung, trotz einer Phase von Bevölkerungsrückgängen in den 70er und 80er Jahren, um 14 Millionen auf momentan mehr als 82 Millionen Menschen zugenommen. Alle Varianten der Bevölkerungsvorausberechnung zeigen deutlich, dass sich der Trend in naher Zukunft ändern wird und es langfristig zu einer Schrumpfung der Bevölkerung kommen wird. Höchstens bei einer sehr hohen Zuwanderungsrate und gleichzeitig in großem Maße steigenden Lebenserwartung kann die Bevölkerungszahl im Jahr 2050 noch annähernd so hoch sein wie heute.[6]

Die Bevölkerung nimmt ab, wenn die Anzahl der Sterbefälle die Anzahl der Geburtenrate übersteigt und das Geburtendefizit nicht durch Immigration kompensiert werden kann.

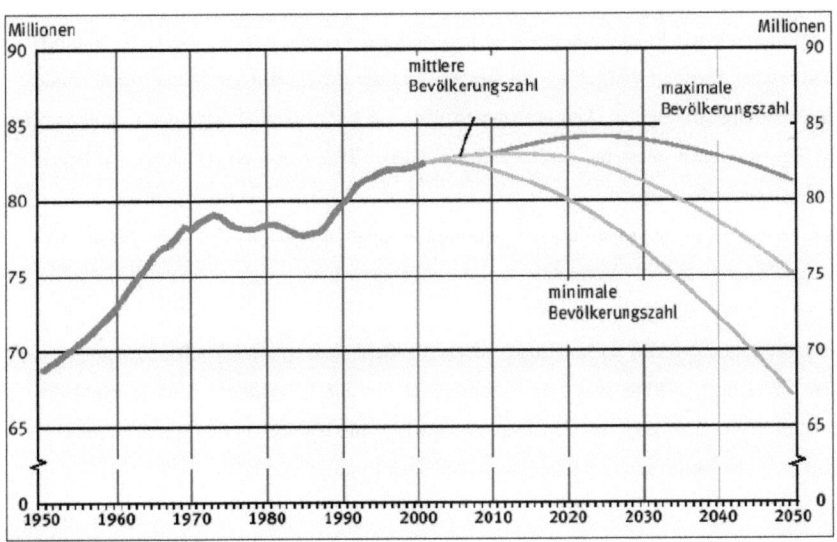

Abbildung 1: Entwicklung der Bevölkerungszahl in Deutschland
Quelle: Statistisches Bundesamt, Bevölkerung Deutschlands bis 2050 – 10. koordinierte Bevölkerungsvorausberechnung, 2003, S.26

---

[6] vgl. [Bevölkerung, 10.], S.26

5

Nach dem zweiten Weltkrieg wurde der Geburtenüberschuss in der Bundesrepublik Deutschland zum ersten Mal 1972 von einer höheren Sterberate abgelöst. Auslöser dafür war der spürbare Rückgang der Geburtenhäufigkeit zu Beginn der 70er Jahre, der sog. Geburtenknick. Außerdem verhinderte ein Anwerbestopp ausländischer Arbeitskräfte einen kurzfristigen Ausgleich des Geburtendefizits durch Zuwanderung, so dass es in den Folgejahren zu einem verlangsamten Wachstum und zum Teil sogar zu einem Bevölkerungsrückgang kam.[7]

Solche Bevölkerungsvorausschätzungen, wie in Abbildung 1 dargestellt, basieren auf Annahmen der zukünftigen Entwicklung, die aufgrund bisheriger Erfahrungen gemacht werden. Wie sich die Bevölkerungsstruktur und die Bevölkerungszahl dann in Zukunft verändern, wird mit Hilfe bestimmter Einflussfaktoren vorausberechnet. Besonders wichtig sind hierbei die Anzahl der Geburten, die Sterbefälle und die Wanderungen.

2.1. Fertilität

Fertilität bedeutet Fruchtbarkeit, die geschlechtliche Vermehrungsfähigkeit von Männern und Frauen. Sie trägt maßgeblich zur Bestimmung der Bevölkerungszahl und vor allem der Bevölkerungsstruktur bei. Um Annahmen über die Größenverhältnisse der Bevölkerung treffen zu können, muss im Zusammenhang mit Fertilität zwischen verschiedenen Begriffen unterschieden werden:

Die *Geburtenrate* zeigt die Zahl der Geburten in Relation zur Einwohnerzahl. Mit ihr wird verglichen, wie sich das Verhältnis der Lebendgeborenen im Vergleich zu der Bevölkerung eines bestimmten Landes entwickelt.

In Deutschland wurden im Jahr 2004 nach ersten Schätzungen rund 705.000 Lebendgeburten verzeichnet, woraus sich eine Geburtenrate von 8,6 Lebendgeborenen je 1.000 Einwohner ergibt. Die Zahl der Lebendgeborenen liegt hierbei aber in den neuen Bundesländern und Ost-Berlin deutlich unter den in den alten Bundesländern.[8]

Die *Geburtenziffer* gibt die durchschnittliche Zahl der Kinder an, die 1000 Frauen im Laufe ihres Lebens hätten, wenn die aktuellen Verhältnisse für diesen Zeitraum bestehen blieben. Um das quantitative Niveau der Bevölkerung in den nächsten Jahren zu halten, müss-

---

[7] vgl. Ebenda, S.26f.
[8] vgl. [stat. Bundesamt, Geborene und Gestorbene]

ten 1.000 Frauen im Schnitt etwa 2.100 Kinder gebären. Dies entspräche dem Reprodukti-
onsniveau[9] und hielte die Bevölkerungszahl konstant, so fern die Kinder im Erwachsenen-
alter ebenfalls Kinder bekämen.[10]

In Deutschland allerdings bewegt sich die Geburtenziffer je 1.000 Frauen derzeit so in der
Größenordnung von 1.400 Neugeborenen. Damit gehört Deutschland im weltweiten Vergleich zu den kinderärmsten Ländern.[11]

Es zeigt sich beispielsweise in Sachsen, dass die Bevölkerungsentwicklung, wie in allen
neuen Bundesländern, seit der Wiedervereinigung von einem starken Rückgang geprägt ist.
Der Bevölkerungsstand sank von Ende 1990 bis Ende 2000 von 4,78 Millionen um 7,3%
auf 4,43 Millionen. Die wesentliche Ursache für ca. 60% des Bevölkerungsverlusts bildet
vor allem der Geburtenrückgang. Ein weiterer Grund ist in den hohen Wanderungsverlus-
ten zu finden. Aufgrund der weiterhin bestehenden rückläufigen Geburtenraten prognostiziert die Vorausberechnung des Statistischen Landesamtes des Freistaats Sachsen weitere
Bevölkerungsrückgänge bis 2010 um 358.000 Einwohner (8,1%) und bis 2020 um 281.900
Einwohner (6,9%).[12]

2.2. Mortalität

Unter Mortalität versteht man die Zahl der Personen, die innerhalb einer bestimmten Peri-
ode in einem bestimmten Gebiet sterben.

Im Jahre 2004 lag die *Sterbeziffer* in Deutschland bei 9,9 Sterbefällen je 1.000 Einwohner.
Im europäischen Vergleich liegt Deutschland damit nach Dänemark, Schweden, Portugal
und Belgien an fünfter Stelle.

Die *Lebenserwartung* bei der Geburt wird durch die alterspezifischen Sterblichkeitsziffern
in einem bestimmten Kalenderjahr oder Zeitraum ermittelt und gibt die Zahl der Jahre an,
die eine Person unter den gegebenen Umständen leben wird. In Deutschland nimmt sie seit
den letzten Jahrzehnten kontinuierlich zu und liegt heute für einen neugeborenen Jungen
bei 74,4 und für ein neugeborenes Mädchen bei 80,6 Jahre. Bis zum Jahr 2050, so die aktuelle Bevölkerungsvorausberechnung, wird die Lebenserwartung bei Männern um 6,3

---

[9] Diejenige Geburtenziffer, die die vollständige Ersetzung der Elterngeneration durch die jeweilige Folgege-
neration gewährleistet
[10] vgl. [Bevölkerung, 9], S.7
[11] vgl. Ebenda, S.8
[12] vgl. [Ernst & Young], S. 10

Jahre und bei Frauen um 5,8 Jahre zunehmen. Dabei steigt sie bis 2020 um fast zwei Monate pro Jahr. Danach wird sich der Prozess verlangsamen, falls die Möglichkeiten einer besseren medizinischen Versorgung zunehmende ausgeschöpft werden.

Auch für die älteren Männer und Frauen ist die verbleibende Lebenserwartung erheblich gestiegen, so hat ein 60-jähriger Mann im Durchschnitt noch eine weitere Lebenserwartung von 19 Jahren, eine 60-jährige Frau von 23 Jahren.[13]

2.3. Bevölkerungsbewegung

Unter dem Begriff Bevölkerungsbewegung ist die Veränderung des Bevölkerungszustandes durch Geburten, Sterbefälle und Wanderungen zu verstehen. Man unterscheidet hier grundsätzlich zwischen der *natürlichen* und der *räumlichen* Bevölkerungsbewegung. Veränderungen in der Bevölkerung aufgrund der Zahl der Geburten und Sterbefälle bezeichnet man als natürliches Bevölkerungswachstum.[14] Dieser Saldo aus Geburten und Sterbefälle ist in Deutschland schon seit Jahren negativ.

---

[13] vgl. [Demographie lässt Immobilien wackeln], S. 3
[14] vgl. [Wikipedia]

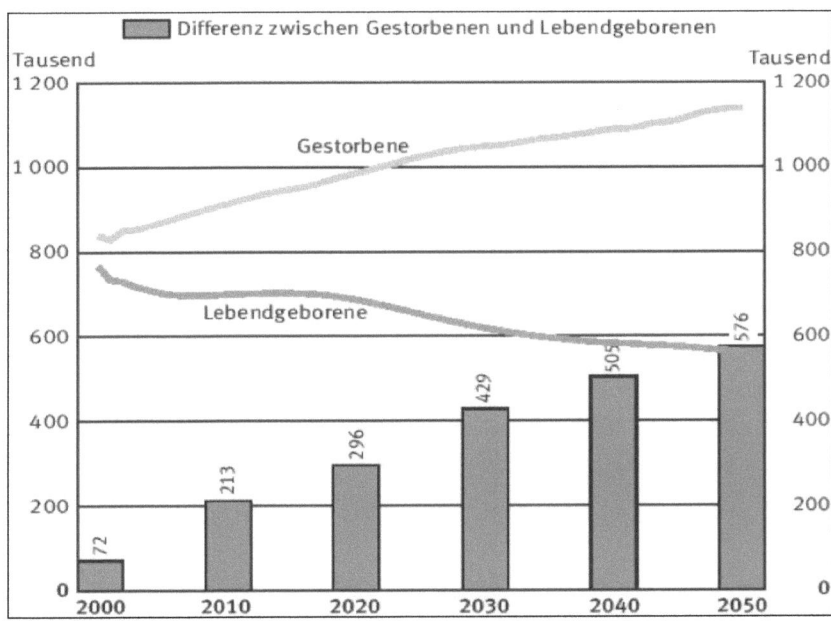

Abbildung 2: Lebendgeborene und Gestorbene in Deutschland bis 2050
Quelle: Statistisches Bundesamt, Bevölkerung Deutschlands bis 2050 – 10. koordinierte Bevölkerungsvorausberechnung, 2003, S. 27

Die Bundesrepublik hat heute rund 82,5 Millionen Einwohner. Wie in Abbildung 2 zu sehen zeigen die bis zum Jahr 2050 fortgeschriebenen Verläufe der Geburten und Sterbefälle eine immer weiter aufgehende Schere zwischen der Zahl der Neugeborenen und der Gestorbenen, wobei sich das Geburtendefizit künftig deutlich vergrößert[15]. Es ist allein dem positiven Zuwanderungssaldo, der stets größer war als die natürliche Bevölkerungsabnahme, zu verdanken, dass es zu einem Anstieg der Einwohnerzahl kam.[16]

Die räumliche Bevölkerungsbewegung, auch Migration genannt, umfasst die Veränderung der Bevölkerung durch Zuwanderung und Abwanderung. Es wird hier zwischen Außenwanderung bzw. internationaler Wanderung und der Binnenwanderung unterschieden.

So haben beispielsweise zwischen 1991 und 2000 rund 694.000 Personen ihren Wohnsitz nach Sachsen verlegt, gleichzeitig haben aber mehr als 757.000 Personen das Bundesland verlassen. Die Einwohnerzahl ist also in diesem Zeitraum per Saldo um 63.000 ge-

---

[15] vgl. [Bevölkerung, 10.], S. 27
[16] vgl. [Fichert], S.3f.

schrumpft. Ohne den positiven Wanderungssaldo von 54.000 Ausländern nach Sachsen, wäre dieser Effekt noch deutlich wirksamer geworden.[17]

2.4. Bevölkerungsstruktur

Für viele Aspekte, insbesondere den wirtschaftlichen, wird neben dem Bevölkerungsrückgang die bevorstehende massive Verschiebung der Alterstruktur weit reichende Folgen haben. Die geburtenreichen Generationen der Nachkriegszeit (Baby-Boomer) erreichen in den nächsten zwanzig bis dreißig Jahren zunehmend das Rentenalter. Da diese stark besetzten Jahrgänge immer weniger durch nachrückende Jahrgänge ersetzt werden können, wird sich der Anteil der über 65-jährigen um rund 10% erhöhen. Dann wird in Deutschland mehr als jeder vierte Mensch im Rentenalter sein, im Jahr 2050 werden dann sogar 30% der Einwohner Deutschlands über 65 sein. Weiterhin problematisch wird der gleichzeitige Rückgang der Menschen im erwerbsfähigen Alter, also die zwischen 15 und 65 Jahren. Beträgt die Anzahl jener Personen dieser Altersgruppe heute noch gut 55 Millionen, so werden es in 30 Jahren sechs Millionen und in 50 Jahren sogar 11 Millionen Menschen weniger sein. Das entspricht einem Rückgang von mehr als 20%.[18] Eine solche Verschiebung in der Altersstruktur betrifft den Wohnimmobilienmarkt derart, dass es als Folge daraus zu einer Änderung in der Nachfragestruktur nach Wohnraum kommt.

Die Altersstruktur einer Bevölkerung wird mit Hilfe so genannter Bevölkerungspyramiden (Abbildung 3) dargestellt. Hierbei sollten im besten Falle die Zahl der neugeborenen Kinder den größten Teil ausmachen und die Zahlen mit zunehmendem Alter kleiner werden. Doch in Deutschland hat sich die Verteilung der Größenordnung bereits erheblich zu Gunsten der älteren Jahrgänge verschoben.

---

[17] vgl. [Ernst & Young], S.10
[18] vgl. [Demographie lässt Immobilien wackeln], S. 4

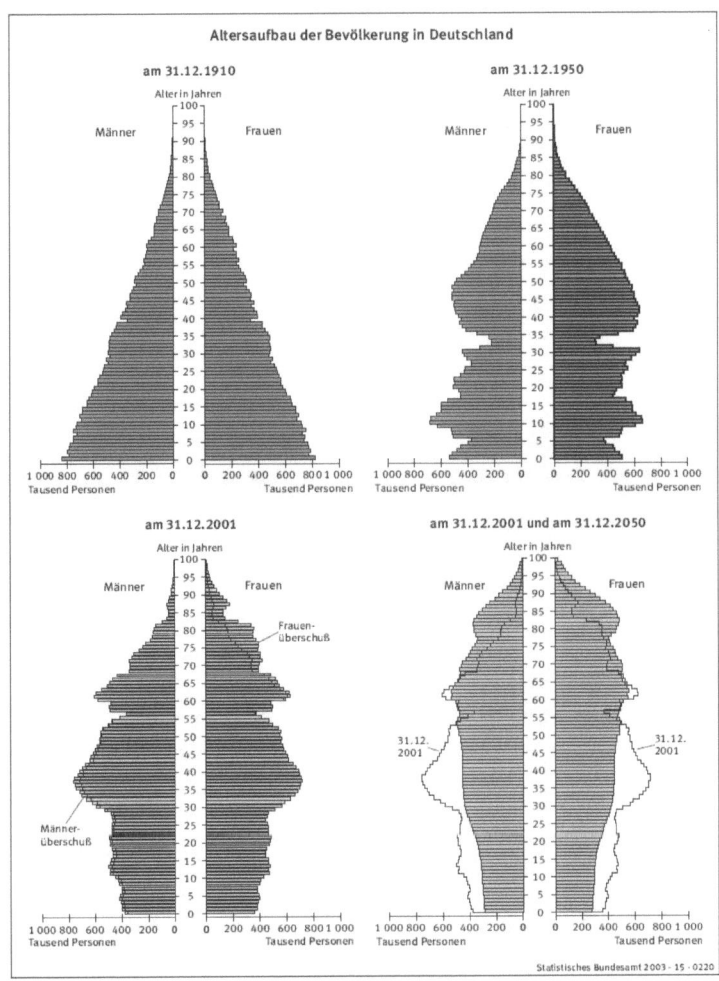

Abbildung 3: Bevölkerungspyramide für die Jahre 1910, 1950, 2001 und 2050
Quelle: Statistisches Bundesamt, Bevölkerung Deutschlands bis 2050 – 10. koordinierte Bevölkerungsvorausberechnung, 2003

Am Beispiel des Freistaats Sachsen ist zu erkennen, dass sich die Altersstruktur in den letzten Jahren stark verändert hat. Während 1990 der Anteil der bis 15-jährigen an der Gesamtbevölkerung noch 18,5% betrug, so sank er aufgrund des niedrigen Geburtenniveaus in den darauf folgenden Jahren, so dass er zur Jahrtausendwende nur noch bei 12,4% lag.

11

Im gleichen Atemzug stieg die Anzahl derer, die 65 Jahre und älter sind durch das Aufrücken von stärker besetzten Jahrgängen und durch eine überdurchschnittliche Zunahme der Lebenserwartung zwischen 1990 und 2000 von 15,7% auf 18,6%. Sachsen hat im Vergleich zu allen anderen Bundesländern den größten Anteil an Senioren in der Bevölkerung. Hier entfielen im Jahr 2000 auf 100 der 20 bis 60-jährigen 48 Einwohner im Alter von 60 Jahren und mehr. Der bundesweite Durchschnitt liegt bei 39 Senioren je 100 Einwohner. Damit ist die Bevölkerung von Sachsen die älteste der Bundesrepublik.[19]

3. Auswirkungen der Bevölkerungsentwicklung auf den Wohnimmobilienmarkt

Die demographischen Merkmale Bevölkerung und Haushalte nehmen im Wohnungsprognosemodell eine zentrale Rolle ein, da Veränderungen in diesen Bereichen unmittelbare Konsequenzen auf die Wohnungsnachfrage haben. Während die Bevölkerung in den kommenden Jahren nicht mehr wachsen, sondern leicht schrumpfen wird, werden die Haushaltszahlen aufgrund von Haushaltsverkleinerung steigen.

Nicht nur die absolute Zahl an Bevölkerung und Haushalten ist relevant für die Wohnungsnachfrage, sondern auch die Verschiebung in der Größen- und Altersstruktur haben großen Einfluss darauf. Da kleinere Haushalte in der Regel einen größeren individuellen Wohnflächenkonsum haben, müsste ihr Bedeutungszuwachs zu höheren Pro-Kopf-Wohnflächen führen.

Am Wohnungsmarkt sind einige Altersgruppen präsenter als andere. So suchen beispielsweise junge, kleinere Haushalte zumeist kleinere Mietwohnungen. Mittlere Haushalte, die sich in der Familienphase befinden sind diejenigen, die am häufigsten Wohneigentum bilden, zumeist in Form von Einfamilienhäusern. Im Alter sind die meisten Haushalte dann meist mit Wohnraum versorgt und verbleiben in der Regel nach Auszug der Kinder in den großen, familiengerechten Wohnungen.

Ein anderes Merkmal der Bevölkerungsentwicklung ist der zunehmende Anteil der ausländischen Bevölkerung, die damit verbundene veränderte Bevölkerungszusammensetzung und die sich dadurch in bestimmten Segmenten verändernde Wohnraumnachfrage. Im All-

---

[19] vgl. [Ernst & Young], S.11f.

gemeinen verfügen diese Haushalte, zumal meist viele Personen dazu gehören, über deutlich weniger Pro-Kopf-Wohnfläche.[20]

3.1. Nachfrage nach Wohnraum

Jeder Mensch benötigt ein Dach über dem Kopf. Die Nachfrage nach Wohnraum hängt also direkt mit der Entwicklung der Bevölkerungszahl zusammen. Man geht davon aus, dass das Angebot an Wohnraum zumindest mittelfristig an die Nachfrageänderungen angepasst werden kann. Um dies zu gewährleisten, müssen die Bestandsänderungen mit der Bevölkerungsdynamik korrelieren. Für deutsche Städte lässt sich zwischen dem Bevölkerungswachstum von 1995 bis 2001 und der Ausweitung des Wohnflächenbestandes ein enger, positiver Zusammenhang nachweisen. Je stärker die Bevölkerung in dieser Zeitspanne gewachsen ist, desto größer ist auch der Anstieg der Wohnfläche in einer Stadt ausgefallen.

Es sind dabei mehrere Aspekte auffällig: Erstens ist sowohl im Osten als auch im Westen Deutschlands - trotz aller sonstiger Differenzen - der positive Zusammenhang zwischen Bevölkerungswachstum und Wohnflächenentwicklung ähnlich stark ausgefallen. Zweitens ist anzumerken, dass es deutliche Niveauunterschiede zwischen Städten Ostdeutschlands und Städten Westdeutschlands gibt. Unter sonst gleichen Bedingungen ist die Wohnfläche in ostdeutschen Städten stärker als in westdeutschen Städten ausgeweitet worden. Hier zeigt sich zum einen der Nachholbedarf in Ostdeutschland und zum anderen die Wirkung der Förderpolitik. Als dritter und letzter Punkt ist zu verzeichnen, dass die verfügbare Wohnfläche auch an jenen Standorten anstieg, an denen die Bevölkerungszahl rückläufig war. Die Wohnfläche hat sich in Deutschland im Schnitt um 6% vergrößert.[21]

3.1.1. Haushaltszahlen und Wohnraumnachfrage

Letztendlich agieren auf dem Wohnungsmarkt nicht einzelne Personen, sondern Haushalte als Nachfrager. Seit Jahren ist zu beobachten, dass die Zahl der Haushalte stärker steigt, als die der Einwohner. Seit der Wiedervereinigung ist in der Bundesrepublik die Bevölke-

---

[20] vgl. [Raumordnungsprognose 2020/2050], S.72
[21] vgl. [Demografie lässt Immobilien wackeln}, S.6

rungszahl um ca. 3% gestiegen. Dagegen werden heute 9% mehr Haushalte gezählt, als noch vor gut einem Jahrzehnt. Das hat zur Folge, dass die Zahl der Personen pro Haushalt abnimmt. Anfang der 70er Jahre waren es noch durchschnittlich 2,7 Personen pro Haushalt, während es heute nur noch rund 2,1 Personen je Haushalt sind. Verantwortlich dafür sind zwei miteinander verbundene Effekte: Zum einen sinkt die Zahl der Kinder je Haushalt und zum anderen ist die Größe des Haushalts abhängig vom Alter. Ältere Menschen leben größtenteils in Ein- oder Zwei-Personen-Haushalten.

Solche Struktureffekte werden in Zukunft dafür sorgen, dass die Anzahl der Haushalte in Deutschland weiter zunehmen wird, selbst unter der Annahme, dass die Bevölkerung nach 2012 bereits abnimmt. Allerdings wird die Zahl der Haushalte nicht mehr in dem großen Stile wachsen, wie in den letzten Jahrzehnten. Bisher ist die Zahl der Haushalte pro Jahr um 1% gestiegen. Während dieses Jahrzehnts dürfte die jahresdurchschnittliche Wachstumsrate noch mal auf die Hälfte dieses Wertes sinken und in der zweiten Dekade dieses Jahrhunderts wird die Anzahl der Haushalte nur noch geringfügig wachsen. Im Jahr 2020 wird sich dann erstmals ein negativer Haushaltstrend niederschlagen, sodass 2050 etwa 7% weniger Haushalte existieren werden als auf dem Höchststand des Jahres 2020. Ebenso wird sich die Altersstruktur von der der heutigen Haushalte unterscheiden. Gut ein Viertel waren 2002 Rentnerhaushalte. Dieser Anteil wird sich bis Mitte des Jahrhunderts auf mehr als 40% erhöhen.[22]

Zur Berechnung der zukünftigen Wohnungsnachfrage werden die verschiedenen Haushaltstypen nach der Größe und nach dem Alter des Haushaltsvorstandes unterteilt. In Abbildung 5 sind 17 verschiedene Haushaltstypen dargestellt. Daraus wird deutlich, dass in den kommenden Jahren die Haushaltstypen mit älterem Haushaltsvorstand stark zunehmen und die größeren Haushalte mit einem Haushaltsvorstand, der jünger als 45 ist, signifikant abnehmen werden.

---

[22] vgl. Ebenda, S.6f.

Haushaltstyp	Anzahl Haushalte in Tsd.		Veränderung 2005 bis 2020 in %
	2005	2020	
bis unter 30 Jahre, 1-Personen-Haushalte	2 563	2 615	2,0
30 bis unter 45 Jahre, 1-Personen-Haushalte	3 644	3 564	-2,2
45 bis unter 60 Jahre, 1-Personen-Haushalte	2 606	3 214	23,3
bis unter 30 Jahre, 2-Personen-Haushalte	1 143	1 238	8,3
30 bis unter 45 Jahre, 2-Personen-Haushalte	2 268	2 045	-9,8
45 bis uner 60 Jahre, 2-Personen-Haushalte	3 595	3 958	10,1
bis unter 45 Jahre, 3-Personen-Haushalte	2 581	2 012	-22,1
45- bis unter 60 Jahre, 3-Personen-Haushalte	1 941	2 008	3,5
bis unter 45 Jahre, 4-Personen-Haushalte	2 493	1 815	-27,2
45 bis unter 60 Jahre, 4-Personen-Haushalte	1 404	1 466	4,4
bis unter 45 Jahre, 5 u.m. Personen-Haushalte	982	728	-25,8
45 bis unter 60 Jahre, 5 u.m.Personen-Haushalte	542	539	-0,6
60 bis unter 75 Jahre, 1-Personen-Haushalt	3 823	3 746	-2,0
60 bis unter 75 Jahre, 2-Personen-Haushalte	4 420	4 814	8,9
60 bis unter 75 Jahre, 3 u.m.-Personen-Haushalte	857	1 045	21,9
75 und mehr Jahre, 1-Personen-Haushalte	2 193	2 648	20,7
75 und mehr Jahre, 2 u.m.-Personen-Haushalte	2 348	3 289	40,1
Insgesamt	39 402	40 743	3,4

Abbildung 4: Wohnungsnachfragerelevante Haushaltstypen und ihre zukünftige Entwicklung
Quelle: Raumordnungsprognose 2020/2050, S. 73

Zusammengefasst zu den wichtigsten sechs Gruppen (kleine und größere bzw. jüngere und ältere), wird deutlich, dass der Bedeutungsverlust von großen Haushalten, der schon heute erkennbar ist, in Zukunft noch weiter voranschreiten wird.

Familien, die gegenwärtig nur noch 15% der Haushalte ausmachen, werden in ihrer Zahl und Bedeutung weiterhin abnehmen. Die größeren Haushalte mit einem Haushaltsvorstand ab 45 Jahre bleiben jedoch in ihrer Quantität im Wesentlichen stabil. Die geburtenreiche Generation der 1960er Jahre wandert im Prognosezeitraum durch diese Kohorte und wird im Jahr 2020 durch Personen im Alter von ca. 55 Jahren besetzt sein. Die Relevanz dieser Gruppe für die Wohnungsmarktentwicklung ergibt sich aus der Tatsache, dass sie in der Vergangenheit die Suburbanisierungshaushalte bildete. Durch Familiengründung und Eigentumsbildung im suburbanen Raum war sie ein wichtiger Träger des Einfamilienhausbaus. Da in Zukunft immer weniger Haushalte in diesem Alter, zwischen 30 und 45 Jahren, als Familie vorzufinden sein werden, verliert sie zunehmend an Bedeutung.[23]

Am Beispiel des Freistaats Sachsen wird der geschilderte Trend deutlich. Hier ist seit der Wiedervereinigung ein Rückgang der Einwohnerzahl um knapp 7% festzustellen, während die Anzahl der Haushalte um 4% zulegte. Auch die Zahl der Personen, die durchschnittlich

---

[23] vgl. [Raumordnungsprognose 2020/2050], S. 73

in einem Haushalt leben, sank von rund 2,3 Personen je Haushalt zu Beginn der 1990er Jahre auf 2,1 Personen zum heutigen Zeitpunkt. Gründe hierfür sind wiederum die sinkende Zahl der Kinder je Haushalt und dass die Zahl der Haushaltsmitglieder vom Alter abhängig ist. Sachsen spiegelt auch deutlich den allgemeinen Rückgang des traditionellen Familientyps (Ehepaar mit Kindern) wieder. Der Anteil der Familie ist seit 1991 um fast 30% zurückgegangen und wird mehr und mehr durch Alleinerziehende, Singles und kinderlose Paare abgelöst. Hinzu kommt der kontinuierliche Anstieg älterer Menschen, die überwiegend in Ein- und Zweipersonenhaushalten leben. Für die Nachfragedynamik am Wohnungsmarkt spielt die Entwicklung der jungen Haushalte eine wichtige Rolle. Heute ist knapp ein Drittel der Alleinlebenden unter 40 Jahren, während es 1991 nur 19% waren. In den Jahren von 1994 bis 2002 ist die Zahl der jungen Singlehaushalte von 7,7% auf 12,7% gestiegen, wobei gleichzeitig die Zahl der Menschen in diesem Alter um etwa den gleichen Prozentsatz geschrumpft ist. Die niedrige Geburtenrate bei den heute unter 20-jährigen wird zukünftig eine starke Abschwächung der Nachfrageimpulse der Altersgruppe zwischen 20 und 40 Jahren zur Folge haben.

Eine Prognose für die Haushaltsentwicklung in Sachsen ist aufgrund vieler unterschiedlicher Einflussfaktoren sehr risikobehaftet. Jedoch ist anzunehmen, dass in sächsischen Regionen, in denen noch ein schwaches Bevölkerungswachstum zu verzeichnen ist, die Haushaltszahlen weiterhin steigen werden. Im Gegensatz dazu sind in Städten und Gemeinden, in denen die Einwohnerzahl weiterhin abnehmen wird, nur noch etwa fünf bis zehn Jahre steigende Haushaltszahlen zu erwarten.[24]

3.1.2. Die Nachfrage nach Wohnraum ist einkommensabhängig

Im Allgemeinen steigt die Nachfrage nach Konsumgütern mit steigendem Einkommen. Immobilien sind zwar unzweifelhaft Investitionsgüter, jedoch stellt das Wohnen in erster Linie ein Konsumgut dar. Vergleicht man für die Städte der Bundesrepublik das Wirtschaftswachstum pro Kopf mit der Entwicklung des Wohnflächenkonsums pro Kopf, so lässt sich auf den ersten Blick kaum ein Zusammenhang zwischen Einkommen und Wohnfläche finden. Erst durch die gleichzeitige Berücksichtigung zusätzlicher Variablen wird

---

[24] vgl. [Ernst & Young], S. 20f.

dieser Zusammenhang zwischen den Einkommenszuwächsen und der Flächenversorgung pro Kopf deutlich.

Genauer gesagt, solange ein Anstieg bei den Pro-Kopf-Einkommen in Deutschland zu verzeichnen ist, wird auch die Pro-Kopf-Nachfrage nach Wohnraum zunehmen. In den letzten Dekaden kam es in Deutschland jedoch zu einer spürbaren Verlangsamung der durchschnittlichen Wachstumsraten des realen Bruttoinlandsprodukts. Dies wird sich voraussichtlich in den nächsten Jahren aufgrund demographischer Verschiebungen so fortsetzen. In den 60er Jahren wuchs das Pro-Kopf-Einkommen im Jahresdurchschnitt noch um 3,5%, in den 90er Jahren hingegen gerade mal nur noch um 1,3%. Sofern sich nichts Entscheidendes am Arbeitsmarkt ändert, wird sich dieser niedrige Wert in den kommenden Jahrzehnten auch nicht großartig ändern und die Einkommenseffekte nur sehr gering ausfallen. Dennoch wird sich aufgrund von Alterstruktureffekten die Wohnfläche pro Haushalt in der nächsten Zeit zunehmen.[25]

In Sachsen lag 2002 das durchschnittliche monatliche Haushaltsnettoeinkommen bei €1.500 und ist im Vergleich zum Vorjahr um 1,7% gestiegen. Rund die Hälfte der Einwohner des Freistaats hat ein monatliches Einkommen von bis zu €1.500, die andere Hälfte verdient zwischen €1.500 und €2.500.[26]

3.1.3. Haushaltsstruktur und Entwicklung der Wohnflächennachfrage

Das Verhältnis aus Wohnfläche und Personenzahl ist ein Dichtemaß, das die Fläche angibt, die einer Person zur Verfügung steht.

Diese Wohnfläche je Einwohner hat sich in Westdeutschland innerhalb von 40 Jahren nahezu verdoppelt. Im Jahr 2000 lag die durchschnittliche Wohnfläche bei $39,5m^2$ je Einwohner. Für die alten Bundesländer ergab sich hierbei eine Wohnfläche pro Einwohner von $40,2m^2$, für die neuen Länder und Ost-Berlin $36,0m^2$ pro Einwohner.[27]

---

[25] vgl. [Demografie lässt Immobilien wackeln], S. 7f.
[26] vgl. [Ernst & Young], S. 21
[27] vgl. [Statistisches Bundesamt, Jahrbuch 2002], S.235 http://www.destatis.de/download/jahrbuch/stjb_4.pdf

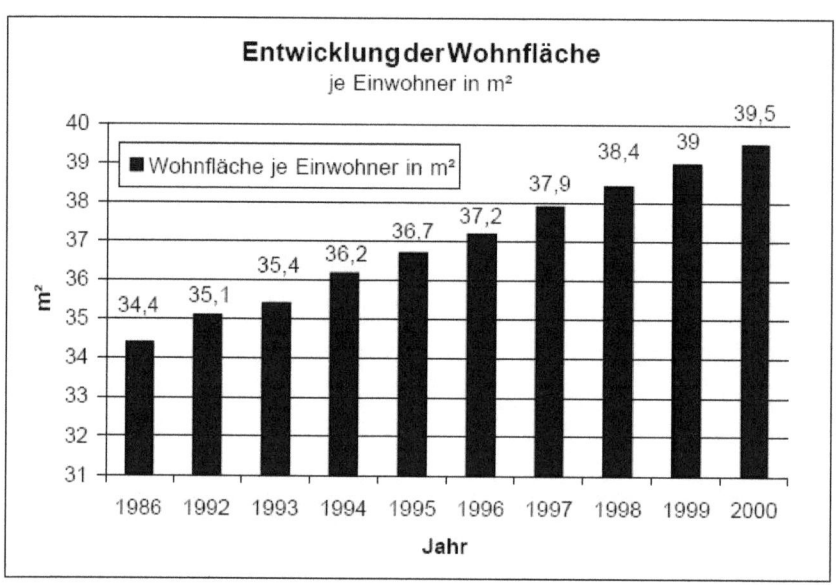

Abbildung 5: Entwicklung der Wohnfläche je Einwohner in m²
Quelle: Daten aus Jahrbuch des Statistischen Bundesamtes

Der steigende Wohnflächenbedarf wird sich auch in den nächsten Jahren noch fortsetzen. Da der aktuelle Wohnbedarf von der jeweiligen Situation der Lebensphase bestimmt wird und ein Anstieg der Single-Haushalte prognostiziert wird, die sich eine überdurchschnittlich große Wohnung leisten können, so werden diese auch in Zukunft keine erheblichen Rückschritte bezüglich der Wohnfläche machen. Ändert sich ihre Haushaltssituation, z.b. durch Heirat und Familie, werden sie danach streben, die Wohnfläche bzw. die Wohnungsnachfrage an ihrer jetzigen Situation zu orientieren. Aufgrund steigender Bildung und damit steigendes Einkommen und der dadurch verbundenen besseren Absicherung im Alter, werden auch die zukünftigen alten Menschen den gewohnten Lebensstandard mit entsprechend großer Wohnfläche beibehalten.

Es klingt verwunderlich, dass trotz einer alternden Gesellschaft die Nachfrage nach Wohnraum einen positiven Trend aufweist. Ältere Haushalte bewohnen im Durchschnitt weniger Wohnfläche als Haushalte mittleren Alters. Beispielsweise fragten 1998 westdeutsche Haushalte mit einem Haushaltsvorstand über 70 Jahre rund 20% weniger Wohnfläche nach als Haushalte mit einem Haushaltsvorstand, der zu diesem Zeitpunkt zwanzig Jahre jünger war. Im Osten Deutschland ist dieser Effekt sogar noch ausgeprägter. Aufgrund dessen könnte man zu der Annahme kommen, dass die Nachfrage drastisch zurückgehen wird, da sich der Anteil der älteren Haushalte zukünftig vergrößern wird. Diese scheinbar plausible Schlussfolgerung ist jedoch nicht zulässig, weil hierbei Kohorten- und Lebenszykluseffekte vermengt werden.[28]

Kohorteneffekte charakterisieren Unterschiede, die zwischen verschiedenen Geburtsjahrgangsgruppen auftreten. Sie können zum Beispiel auf gesellschaftlichen Werteverschiebungen oder den beschriebenen Einkommenseffekten basieren. Solche Effekte lassen sich bei der Analyse der empirischen Daten der unterschiedlichen Wohnraumnachfrage je Altersklasse in den vergangenen Jahrzehnten annäherungsweise bestimmen. Im Jahr 1998 bewohnten etwa 60-jährige Einwohner aus den alten Bundesländern rund 7,5% mehr Wohnraum als 60-jährige zehn Jahre früher und sogar fast 20% als Menschen diesen Alters 1978 bewohnten.

Lebenszykluseffekte beschreiben das Nachfrageverhalten von typischen Haushalten über einen Lebenszyklus. Bei jungen Haushalten ist noch ein rascher Anstieg der Nachfrage nach Wohnraum zu verzeichnen, weil zum Beispiel geheiratet wird, Nachwuchs ansteht und weil Löhne und Gehälter noch stärker ansteigen, als dies in späteren Jahren der Fall ist. Im fortgeschrittenerem Lebenszyklus des Haushalts kommt es dann selten zu einer Minderung des Flächenkonsums, selbst wenn Kinder den Haushalt verlassen und das Budget durch den Eintritt ins Rentenalter sinkt. Dieser sogenannte Remanenzeffekt[29] begründet sich zum einem aus der Tatsache, dass Menschen ihr lieb gewonnenes Umfeld ungern verlassen und zum anderen gibt es auch klare ökonomische Gründe, wie beispielsweise die Transaktionskosten für einen Umzug.

Zwar fragen Rentner gegenwärtig im Schnitt weniger Wohnraum nach als Haushalte in der Lebensmitte, allerdings muss das in den nächsten Jahren nicht so bleiben, da die Rentner von Morgen anders leben werden als momentan. Der starke Remanenzeffekt bewirkt, dass sie in etwa dieselbe Fläche nachfragen werden, wie sie es als Mittvierziger tun. Die Kohorteneffekte bewirken gleichzeitig, dass die heutigen Mittvierziger und Mittfünfziger mehr Fläche bewohnen als frühere Generationen. Aufgrund dessen dürfte die Verschiebung in der Altersstruktur einen Anstieg der Nettonachfrage nach Wohnraum begünstigen.[30]

---

[28] vgl. [Demografie lässt Immobilien wackeln], S.8
[29] Remanenz (lat. "remanere" = zurückbleiben)
[30] vgl. [Demografie lässt Immobilien wackeln], S.8f.

3.1.4. Regionale Unterschiede

Die Entwicklung der Bevölkerungszahl wird sich in den einzelnen Bundesländern sehr unterschiedlich verteilen. In Bayern und Baden-Württemberg beträgt der Bevölkerungsrückgang insgesamt in etwa gerade einmal 3%, während er in strukturschwächeren Bundesländern, wie Sachsen-Anhalt, Thüringen und dem Saarland, Werte über 20% erreicht. Das schlägt sich natürlich auch auf die Haushaltszahlen nieder. Hier reicht es bis 2020 in Westdeutschland von einem Rückgang von 1% (Saarland) und einer Wachstumsrate der Haushalte von 12% (Bayern). Im Osten Deutschlands reicht die Bandbreite von 2% Rückgang (Thüringen) bis 20% Zuwachs (Brandenburg) der Haushalte. Brandenburg profitiert hierbei von der Nähe zu Berlin. Dieser Trend wird sich auch in den folgenden Jahrzehnten so fortsetzen. Die zukünftige wirtschaftliche Entwicklung in den Bundesländern wird ausschlaggebend für die Bevölkerungsentwicklung sein, denn nur dort, wo ausreichend Arbeitsplätze vorhanden sind, wird die Einwohnerzahl steigen. Dabei spielt eine Vielzahl von Parametern (z.B. Innovationen, regionale Wirtschafts- und Bildungspolitik) eine Rolle, weswegen regionale Bevölkerungsprognosen schwer vorauszusagen sind.

Folglich werden die drei Bundesländer Bayern, Baden-Württemberg und Rheinland-Pfalz im Süden der Republik bis 2030 ein überdurchschnittliches Wachstum der Nachfrage erfahren (ca. 15% im Vergleich zum Jahr 2000). Anders sieht das bei den Bundesländern aus, bei denen sich der Strukturwandel zur modernen Dienstleistungsgesellschaft nicht so schnell vollzogen hat. Auch innerhalb eines Bundeslandes können gravierende Unterschiede in der Entwicklung auftreten, was gerade am Beispiel Nordrhein-Westfalens deutlich wird, welches freilich nicht nur aus dem Ruhrgebiet besteht.[31]

Außer in Brandenburg, das aufgrund seiner räumlichen Nähe zu Berlin eine Sonderposition einnimmt, wird die Entwicklung in Ostdeutschland weiterhin problematisch bleiben. Bis 2020 wächst die Nachfrage noch um gerade einmal 1%, danach schwächt der Nachfragezuwachs auf jährlich 0,2% ab. Bedingt durch die sehr hohe Arbeitslosenquote hat sich die Abwanderung aus den neuen Bundesländern in den letzten Jahren verstärkt. Dieses Ungleichgewicht der Wanderung zwischen Ost und West macht Prognosen zur Entwicklung der Nachfrage in ostdeutschen Regionen diffizil. Geht man von einem anhaltenden Migra

---

[31] vgl. Ebenda, S.12f.

tionsverlust von 50.000 Personen im Jahr aus, hätte das schwerwiegende Konsequenzen für die Wohnungsnachfrage.[32]

3.2. Angebot an Wohnraum

Es wurden bislang nur Aussagen zur Entwicklung der Nachfrage nach Wohnraum gemacht. Allerdings machen sich demographische Veränderungen auch hier zuerst bemerkbar. Um aber Marktreaktionen richtig einschätzen zu können, empfiehlt es sich, auch das Angebot im Auge zu behalten. Hierbei stellt sich zum einen die Frage, wie schnell sich das Angebot an die Nachfrageänderungen anpassen kann und zum anderen was dort passiert, wo bereits Angebotsüberhänge existieren (v.a. in Ostdeutschland).

Insgesamt wurden in Deutschland im Jahr 2001 rund 28.000 Wohnungen abgerissen, vorwiegend zur Schaffung von Verkehrs- und Freiflächen, was weniger als 1 Promille[33] des gesamten Bestands entspricht. Durch diesen Abgang entsteht Ersatzbedarf an Wohnungen. Addiert man diesen mit der Nachfrageänderung, so erhält man den gesamten Neubaubedarf für die kommenden Jahre. Da sich die Angebotssituation in Ost- und Westdeutschland unterscheidet, ist es sinnvoll die beiden Regionen differenziert zu betrachten. In den alten Ländern müssten jährlich bis zum Jahr 2010 rund 275.000 Wohnungen mit einer Größe von 110m^2 fertig gestellt werden, das entsprächen etwa 15% mehr als es 2002 waren.[34]

In Ostdeutschland ist die Situation etwas dramatischer. Hier, insbesondere in Sachsen, besteht bereits ein massiver Angebotsüberhang. In der Summe stehen in den neuen Bundesländern rund 1,3 Mio. Wohnungen leer, wovon die Hälfte bezugsfertig ist. Damit ließe sich die gesamt Zusatznachfrage bis 2010 decken, sodass dann immer noch 700.000 Wohnungen leer stehen würden.

Mit einer Leerstandsquote von 17,6%, das sind 414.000 Wohneinheiten, liegt Sachsen an der Spitze verglichen mit den restlichen östlichen Bundesländern. Dieser Zustand auf dem Wohnungsmarkt führt auch zu einer Rückläufigkeit bei der Anzahl der Baugenehmigungen, sodass 2002 in Sachsen 7.015 Genehmigungen für den Wohnungsneubau erteilt wurden. Dies entsprach einer Minderung um 20% im Vergleich zum Vorjahr. Die Zahl der Bestandsabgänge (12.307) allerdings überstieg die Zahl der Baugenehmigungen. Trotz der

---

[32] vgl. Ebenda, S.13
[33] Da auch in der Vergangenheit Maßnahmen im Bestand vorgenommen wurden, die letztlich Abgang darstellen (z.B. Zusammenlegung von Wohnungen), wurde eine Abgangsquote von 0,3% angenommen.
[34] vgl. [Demografie lässt Immobilien wackeln], S.14

geringeren Zahl an Neubauten im Verhältnis zu den Wohnungsabgängen ist keine signifikante Verringerung des Leerstands in Sicht.[35]

Auf zunehmende Nachfrage reagierte der Wohnungsmarkt bislang mit zeitlich verzögertem, zusätzlichem Angebot, um wieder ins Gleichgewicht zu finden. Wenn die Nachfrage jedoch zurückgeht, bleibt das Angebot persistent. Zwar geben Preise und Mieten bei einem Angebotsüberhang nach, allerdings führt das nicht zu einer Angebotsanpassung. Der Wohnungsmarkt teilt sich auf sehr viele einzelne Marktakteure und Wohnungsunternehmen auf. Würde ein einziger dieser Teilnehmer einen Teil seiner Wohnungen abreißen, so würde die mit der Angebotsverknappung verbundene Preiserhöhung eher den Konkurrenten zu Gute kommen als ihm selbst, denn die Nutzen werden sozialisiert, aber die Kosten des Abrisses trägt der Einzelne. Aus diesem Grund entfällt ein solches Vorgehen. Dieses „Sperrklinken-Problem" beim Wohnungsangebot wird zukünftig nicht nur ein Problem des Ostens der Republik sein, sondern sich auch auf das gesamte Bundesgebiet ausdehnen.

Der Nachfragerückgang wird in den kommenden Jahrzehnten für einen Angebotsüberhang sorgen. Der Abriss von Wohneinheiten ist die naheliegende Folgerung, welche sich aber als schwer zu organisierende Aufgabe erweist. Die Eigentümer der vom Abriss betroffenen Wohnungen müssten von den Profiteuren kompensiert werden. Durch Subventionen, wie zum Beispiel die Initiierung des Landesrückbauprogramms des Freistaats Sachsen, könnte der Staat dies organisieren.[36]

4. Zusammenfassung

Die Bevölkerung Deutschlands wird sich aufgrund niedriger Geburtenraten in naher Zukunft stark verringern und die Altersstruktur wird sich zunehmend zu einem überdurchschnittlich hohen Anteil der älteren Bevölkerung verschieben. Selbst bei realistischer Zuwanderung lässt sich dieser Schrumpfungsprozess bei gleichzeitiger Überalterung nicht aufhalten, so dass sich die Zahl der Einwohner von heute ca. 82 Mio. auf etwa 65 bis 70 Mio. im Jahr 2050 reduzieren wird. Da gleichzeitig die Haushalte immer kleiner werden und somit die Zahl der Nachfrager am Wohnungsmarkt steigt, relativiert sich hier zunächst der Rückgang der Bevölkerung. Doch ab ca. 2020 wird sich auch hier der Bevölkerungsrückgang durchsetzen und sich ein negativer Haushaltstrend niederschlagen.

---

[35] vgl. [Ernst & Young], S.25
[36] vgl. [Demografie lässt Immobilien wackeln], S.15f.

Das Nachfrageverhalten der Haushalte am Wohnungsmarkt ist vielerlei Einflussfaktoren ausgesetzt und zeigt sich regional sehr unterschiedlich. Es ist sowohl von Lebenszyklus- und Kohorteneffekten, als auch von individuellen Wohnungsansprüchen, dem verfügbaren Einkommen sowie den Gegebenheiten auf den Regionalmärkten in Bezug auf das Wohnungsangebot, abhängig.

Der Wohnungsmarkt war lange Zeit ein typischer Verkäufermarkt, der beinahe jede Immobilie ohne weiteres aufgenommen hat. Diese Situation hat sich mittlerweile drastisch geändert, so dass sich der Wohnungsmarkt, mal abgesehen von einigen Metropolen, zum Käufermarkt entwickelt hat. Einer der Hauptgründe dafür ist neben dem Wohnungsüberangebot der schon seit langem vorausgesagte demographische Wandel.

Literaturverzeichnis

[BIRG]   Birg, Herwig (Hrsg.) [Bevölkerungsentwicklung, 2000]: Trends der
                           Bevölkerungsentwicklung: Auswirkungen der Bevölkerungs-
                           schrumpfung, der Migration und der Alterung der Gesellschaft in
                           Deutschland und Europa bis 2050, insbesondere im Hinblick auf den
                           Bedarf an Wohnraum: Ein Gutachten im Auftrag des Verbandes
                           deutscher Hypothekenbanken, Frankfurt am Main: Fritz Knapp Ver
                           lag, 2000, (Schriftenreihe des Verbandes deutscher Hypothekenban
                           ken, Bd. 12, 2000)

[Geo-Magazin]   Klingholz, Reiner, [Demographie, 2004]: Demographie: Was
                           Deutschland erwartet, 2004.
                           http://www.geo.de/GEO/kultur_gesellschaft/gesellschaft/
                           2004_04_GEO_demographie_essay/index.html?linkref=geode_
                           teaser_related&SDSID=96209400000021104225214%20 (12.06.06)

[Internet Lexikon]   Lexikon–Activus eShopping GmbH, 2004, http://www.webseiten.de/
                           z_000_lexikon.html?suchbuchstabe=d&suchbereich=web (14.06.06)

[Bevölkerung,9.]   Statistisches Bundesamt (Hrsg.):Bevölkerungsentwicklung Deutsch
                           lands bis zum Jahr 2050: Ergebnisse der 9. koordinierten Bevölker-
                           ungsvorausberechnung, Wiesbaden: 2000.
                           http://www.destatis.de/download/veroe/bevoe.pdf (25.06.06)

[Bevölkerung,10.]   Statistisches Bundesamt (Hrsg.):Bevölkerungsentwicklung Deutsch-
                           lands bis zum Jahr 2050: Ergebnisse der 10. koordinierten Bevölker-
                           ungsvorausberechnung, Wiesbaden: 2003.
                           http://www.destatis.de/presse/deutsch/pk/2003/
                           Bevoelkerung_2050.pdf

[stat. Bundesamt, Geborene und Gestorbene]
                           Statistisches Bundesamt - Geborene und Gestorbene
                           http://www.destatis.de/indicators/d/lrbev04ad.htm (29.06.06)

[Ernst & Young]   Ernst & Young Real Estate GmbH: Studie: Die Auswirkungen des
                           demographischen Wandels auf die sächsische Immobilienwirtschaft,
                           Mai 2004
                           http://www.immo-report.com/-gesellschaftliche-trends-deutschland-
                           marktstdie_259_42.php?PHPSESSID=c90a285c85378ff97d83c34e

71d8e641

[Demographie lässt Immobilien wackeln]

    Just, T. (2003):Deutsche Bank Research: Demografie Spezial: Demografie lässt Immobilien wackeln, Nr.23, September 2003
www.dbresearch.com/PROD/DBR_INTERNET_DE-PROD/PROD0000000000072682.pdf

[Wikipedia]   http://de.wikipedia.org/wiki/Bev%C3%B6lkerungsbewegung (12.07.06)

[Fichert]   Prof. Dr. Frank Fichert: Wie mobil ist eine alternde Gesellschaft? Entwicklungstrends der Verkehrsnachfrage im demographischen Wandel, 24. November 2005
http://www.busforum.de/INFOS_NEWS_EVENTS/INFOS/JHV2005/Busforum_Workshop05_Fichert.pdf; (12.07.06)

[Raumordnungsprognose 2020/2050]

    Bundesamt für Bauwesen und Raumordnung (Hrsg.) (2006): Raumordnungsprognose 2020/2050. Bonn (=Berichte 23).

Abbildungsverzeichnis